はじめに

　小國神社の歴史は古く、社記によれば欽明天皇の代の555年に、本宮山に御神霊が出現し鎮斎せられ、その後現在地に移されたという。以来年々奉幣に預かり、大宝元年（701）2月18日に勅使が奉幣し、十二段舞楽を奉奏したという。江戸時代に入り、徳川家からの厚遇を受け、明治、大正、昭和、平成と歴史が流れ、現在に至っている。御祭神は、大己貴命(おおなむちのみこと)である。

　現在、境内地は30万坪に及び、広い境内には歴史を刻んだ杉が鬱蒼と茂り、宮川の清流と共に訪れる人々に、安らぎを与えてくれている。小國神社は、緑と花と紅葉の神社である。春の到来と共に新緑が芽吹き、宮川沿いには桜が満開となり、初夏には花しょうぶ園の花々が一斉に開く。また林下にはシャガが群生し、大宝殿の西側斜面にはシャクナゲが満開となり、秋には宮川沿いのもみじが一斉に紅葉し、すばらしい景観を見せる。

　その他、遊歩道沿いや社領地にはいろいろな野草が顔を出し、その種類と数の多さに驚く。まさに自然一杯の植物園と言った様相を示している。草花によって咲く場所が決まっているのに驚く。日当たりの良い場所を好む花、日陰や湿地が好きな花、山の斜面が好きな花、道端が好きな花等々で、それぞれ適性があることが分かり興味深い。

　花の命は短い。精一杯自分の命を輝かせ、次へとバトンタッチをしていく営みは、誠に厳粛で尊いものだと思う。是非、自然一杯の小國神社の社領地に咲く野草を大切にし、末永く温かく見守っていきたいと思う次第です。

小國神社の花々

目次

はじめに　1

春の花（1-5月）

フキ	6	アリアケスミレ	21	オオバコ	39
ヨゴレネコノメ	6	フモトスミレ	22	ツボミオオバコ	40
ヒメフタバラン	7	ツボスミレ	22	ミヤコグサ	40
トウカイタンポポ	7	スミレ	23	タチシオデ	41
セイヨウタンポポ	8	ニオイタチツボスミレ	23	シュンラン	41
シロバナタンポポ	8	コスミレ	24	フタリシズカ	42
センボンヤリ	9	ヒメスミレ	24	ヒメコバンソウ	42
コウゾリナ	9	ヘビイチゴ	25	キツネアザミ	43
ノゲシ	10	ヤブヘビイチゴ	25	ブタナ	43
オニノゲシ	10	キジムシロ	26	スイカズラ	44
ジシバリ	11	オヘビイチゴ	26	ドクダミ	44
オオジシバリ	11	ヤエムグラ	27	ヒメジョオン	45
ニガナ	12	カラスノエンドウ	27	ナワシロイチゴ	45
オニタビラコ	12	スズメノエンドウ	28	イタチハギ	46
ハハコグサ	13	カスマグサ	28	トウバナ	46
ヒメウズ	13	レンゲソウ	29	ヤマハタザオ	47
ノアザミ	14	クサイチゴ	29	ツルアリドオシ	47
ハルジオン	14	ヒメハギ	30		
オオイヌノフグリ	15	カタバミ	30		
タチイヌノフグリ	15	タネツケバナ	31		
マツバウンラン	16	オオバタネツケバナ	31		
トキワハゼ	16	ジロボウエンゴサク	32		
ムラサキサギゴケ	17	ムラサキケマン	32		
ヒメオドリコソウ	17	スルガテンナンショウ	33		
ホトケノザ	18	ウマノアシガタ	33		
カキオドシ	18	アメリカフウロ	34		
セントウソウ	19	シロツメクサ	34		
キュウリグサ	19	スズメノヤリ	35		
ヤマルリソウ	20	スズカカンアオイ	35		
ハルリンドウ	20	シャガ	36		
タチツボスミレ	21	ホウチャクソウ	36		
		シラン	37		
		キランソウ	37		
		ニワゼキショウ	38		
		キショウブ	38		
		キンラン	39		

夏の花（6-8月）

ミゾカクシ	50
ハナミョウガ	50
シライトソウ	51
ウマノミツバ	51
シノバタツナミソウ	52
トキワツユクサ	52
ノハナショウブ	53
ユキノシタ	53
シタキソウ	54
クチナシ	54
テイカズラ	55
ウツボクサ	55
ササユリ	56
ヨツバムグラ	56
ナヨテンマ	57

セッコク	57	サジガンクビソウ	75	キツネノマゴ	93
カキラン	58	ヒメガンクビソウ	76	ガンクビソウ	94
ネジバナ	58	ミズヒキ	76	メナモミ	94
ツメクサ	59	シンミズヒキ	77	クズ	95
コナスビ	59	ユウスゲ	77	ヤマハギ	95
ムラサキニガナ	60	タカサゴユリ	78	フジカンゾウ	96
ミツバ	60	ヒヨドリジョウゴ	78	アレチヌスビトハギ	96
ジャノヒゲ	61	アキカラマツ	79	ヤブラン	97
トチバニンジン	61	ボタンヅル	79	ヤブタバコ	97
オカトラノオ	62	ダイコンソウ	80	ママコノシリヌグイ	98
ヌマトラノオ	62	マツカゼソウ	80	メドハギ	98
ヒメヒオウギズイセン	63	フユイチゴ	81	キセルアザミ	99
コクラン	63	センニンソウ	81	オミナエシ	99
オオバノトンボソウ	64	キキョウ	82	オトコエシ	100
ヤブコウジ	64	ツユクサ	82	イヌホオズキ	100
ヤブレガサ	65	キジョラン	83	タムラソウ	101
ヤブジラミ	65	ヤブガラシ	83	ヤブマメ	101
ムラサキカタバミ	66	ヘクソカズラ	84	ミズタコソウ	102
ヤブカンゾウ	66	チダケサシ	84	アメリカセンダンギク	102
ノギラン	67	オオニシキソウ	85	ヤマゼリ	103
タケニグサ	67	コラム1	85	ツルリンドウ	103
マンリョウ	68			ハダカホオズキ	104
オトギリソウ	68	## 秋の花（9-12月）		チカラシバ	104
ハエドクソウ	69			ホウキギク	105
ヒメヤブラン	69	ベニバナボロギク	88	ヒヨドリバナ	105
コマツナギ	70	ナンバンギセル	88	ヒメシロネ	106
コオニユリ	70	シュウカイドウ	89	チヂミザサ	106
ヤマユリ	71	キンミズヒキ	89	キクアザミ	107
オオケタデ	71	ヒメキンミズヒキ	90	レモンエゴマ	107
イワタバコ	72	ネコハギ	90	サワヒヨドリ	108
ヤブミョウガ	72	ヤハズソウ	91	コセンダングサ	108
ヨウシュヤマゴボウ	73	ハシカグサ	91	アキノノゲシ	109
ハグロソウ	73	トキリマメ	92	ミズソバ	109
ヤマキツネノボタン	74	イタドリ	92	ノダケ	110
ウリクサ	74	シュウブンソウ	93	ヒガンバナ	110
ウバユリ	75			シラネセンキュウ	111

イヌヤマハッカ	111
マツムシソウ	112
ホシアサガオ	112
ノコンギク	113
ハキダメギク	113
リュウノウギク	114
ボントクタデ	114
ハナタデ	115
コウヤボウキ	115
ゲンノショウコ	116
キッコウハグマ	116
ホトトギス	117
キチジョウソウ	117
テイショウソウ	118
ワレモコウ	118
アキノキリンソウ	119
イヌセンブリ	119
アケボノソウ	120
セキヤノアキチョウジ	120
ツルニンジン	121
ツワブキ	121
アキノウナギツカミ	122
ヤクシソウ	122
フユノハナワラビ	123
リンドウ	123
サラシナショウマ	124
コラム2	124

索引　125

あとがき　127

春の花

1 – 5月

フキ —キク科

春の訪れを知らせるような草花。地下茎を伸ばして増える。葉が出る前に花茎を出すが、これはフキノトウと言われ、食用になる。神社の区域では、何ヶ所かで見ることができる。

[撮影:2013.3.14]

ヨゴレネコノメ —ユキノシタ科

本州の関東以西の太平洋側、四国や九州に分布する。宮川沿いの湿地に生えていた。葉は対生する。雄しべは4本。葯は黒みがかった赤紫色をしている。

[撮影:2014.3.28]

ヒメフタバラン —ラン科

東北の宮城県以南から沖縄県にかけて分布する。宮川沿いに3月の下旬に咲いていた。比較的湿った場所に咲いていて、地味な色をしているので見つけにくい。唇弁の先は大きく2つに裂けている。　　　［撮影：2014.3.28］

トウカイタンポポ —キク科

別名ヒロハタンポポともいう。東海地方に多いタンポポ。総苞外片、内片とも大きな角状突起がある。総苞外片の長さは内片の3分の2である。境内では、あちこちに見られる。　　　［撮影：2013.4.14］

セイヨウタンポポ —キク科

全国で見られる。総苞が反り返るのが大きな特色である。花びらの舌状花が多数で、花の径も大きい。ヨーロッパ原産の帰化植物である。境内や道ばたや梅園によく見られる。　　　　　　　　　［撮影:2014.4.29］

シロバナタンポポ —キク科

小國神社第6駐車場の脇の坂道に咲いていた。花は全体的に白いが、中心部は黄色になっている。西日本では、シロバナタンポポが多いため、タンポポと言えばシロバナタンポポを連想するという。　　　［撮影:2013.3.29］

センボンヤリ —キク科

春咲くものと、秋の9～11月頃咲くものとがある。春咲きのものは、花びらの裏側が淡紫色をしており、天気が悪いと花びらを開かない。秋のものは閉鎖花である。

[撮影:2013.3.13]

コウゾリナ —キク科

道ばたや土手などによく咲いている。茎や葉に剛毛があり、さわるとざらつく。高さは50cm程に伸びる。径2～3cm程の黄色い花を上部に多数咲かせる。梅園付近に多い。

[撮影:2013.4.14]

ノゲシ —キク科

道ばたや土手などに咲いている。葉の鋸歯は触っても痛くない。径2cm程度の黄色い花が咲く。祖霊社や梅園付近に咲く。花期は3〜10月と長い。葉の基部は茎を抱く。
［撮影:2013.4.10］

オニノゲシ —キク科

葉の鋸歯の先にトゲがあり、さわると痛い。高さは1m程になるが、4月の撮影時はまだ背丈が低い。頭花は径2cm程度。境内では比較的少ない。
［撮影:2013.4.4］

ジシバリ —キク科

平地や畑や山裾などによく生える。茎をきると白い液が出る。葉はほぼ丸い。花茎には葉がつかない。小國神社の梅園にはよく咲いている。花の径は、2〜2.5cm 程である。 　　　　　　　　　　　　［撮影:2013.4.14］

オオジシバリ —キク科

梅園の日の当たる場所や道ばたに咲いている。ジシバリとよく似ているが、こちらの方が大型で、葉もヘラ形であるので区別できる。花期は3〜5月で、全国で見られる。 　　　　　　　　　　　　［撮影:2013.4.29］

ニガナ —キク科

日の当たる道ばたなどに生える。高さは30〜40cm程度。花は黄色で、頭花は舌状花だけからなり、その数も5枚程度。花期は5〜7月である。茎や葉に苦みがある。

[撮影:2013.5.13]

オニタビラコ —キク科

径7〜8mmの黄色の花を多数つける。道路脇などによく咲いている。高さは20〜80cm程になる。境内ではあちこちで見ることができる。

[撮影:2013.4.10]

ハハコグサ —キク科

日本全国に見られる。道ばたや畦などによく咲いている。高さは10〜30cm程になる。茎の先に小さな頭花を密につける。境内には多くはないが、祖霊社へ行く途中に咲いていた。

[撮影:2013.4.4]

ヒメウズ —キンポウゲ科

宮川沿いの遊歩道脇に咲いている。花は小さく4〜5mm程度で、下向きに咲く。高さは20cm程になり、可愛らしい花である。花期は3〜5月。

[撮影:2013.3.31]

ノアザミ —キク科

春から初夏に開花する。野山の日当たりの良い場所に咲く。総苞は粘る。花は枝先に直立して咲く。茎葉は深く羽状に裂け、先端はトゲになる。高さは60〜100cm程になる。

[撮影:2012.5.18]

ハルジオン —キク科

梅園の中に数株咲き出していた。しかし、4月中旬ぐらいでは、まだ蕾で開花していない。やや淡紅色の頭花をつける。蕾は垂れる特色がある。高さは50〜60cm程になる。

[撮影:2013.4.13]

オオイヌノフグリ —ゴマノハグサ属

春の訪れと共に咲き始める。薄いブルーで径1cm程度と可愛らしい花で、よく日当たりの良い場所に群生する。小國神社では、梅園に良く咲いている。寒い日や夜などは、花びらは閉じる。　[撮影:2013.3.1]

タチイヌノフグリ —ゴマノハグサ科

オオイヌノフグリと比べると、花は小さく葉に隠れるように咲いているので、目立たない。ヨーロッパ原産の一年草。梅園や境内の明るい場所によく咲いている。

[撮影:2013.3.29]

マツバウンラン —ゴマノハグサ科

最近空き地や道ばたなどに急速に広まっている。北アメリカの原産。青紫色の花を茎の先端につける。高さは 20 ～ 50cm 程になる。神社の西側の道ばたに咲いていた。

[撮影:2013.4.10]

トキワハゼ —ゴマノハグサ科

花は春から秋にかけて咲く。畑や空き地などいろいろな場所に咲く。これは、大宝殿下の駐車場に咲いていた。ムラサキサギゴケと似ているが、小形で下唇は白い。

[撮影:2013.4.29]

ムラサキサギゴケ —ゴマノハグサ科

明るい場所でよく見かける。田の畦や公園などに群生し、紅紫色で大変目立つ。花冠は上下2唇形。シロバナのものもあるが、この界隈では見たことがない。

[撮影:2013.4.10]

ヒメオドリコソウ —シソ科

日の当たる場所にはよく咲き、それほど珍しい花ではない。花茎を直立させ、上部の葉の間から、小さな花を咲かせる。オドリコソウは見ることができない。

[撮影:2013.3.25]

ホトケノザ —シソ科

日本全国に咲く花で、畑や土手や道ばたなどに群生する。対生する葉が、仏の座るハスの花に似ていることから名付けられた。3〜11月頃にかけて咲く。小國神社では、梅園などに咲く。　　[撮影:2013.4.10]

カキドオシ —シソ科

紫色をした唇形花を咲かせる。畑や土手などに群生する。小國神社では梅園の中に群生している。薬草としても利用される。葉は対生している。高さは20cm程になる。　　[撮影:2013.3.25]

セントウソウ —セリ科

小國神社の宮川沿いのアスファルト道の脇にたくさん咲く。日陰のやや湿った場所に小さな花を密集させて咲かせる。花の径は 1mm 程度である。

[撮影:2013.3.22]

キュウリグサ —ムラサキ科

畑や道ばた庭などによく咲いている。神社では大宝殿の下の駐車場によく咲いている。淡青紫色の小花を次々と咲かせる。花の径は 2mm 程度である。

[撮影:2013.3.29]

ヤマルリソウ—ムラサキ科

花期は4〜5月で、山の斜面や湿った場所に咲く。小國神社の西側の道の山の裾に咲いていた。天竜区などの方ではよく咲いている。

[撮影:2013.4.16]

ハルリンドウ—リンドウ科

日当たりの良い場所に良く咲いている。太陽が出て温かいと花びらを開き、曇天や低温だと閉じている。宮奥橋を越えた山裾によく咲いている。

[撮影:2013.3.21]

タチツボスミレ—スミレ科

日本全国で見られるスミレで、色も地域によって微妙に違う。葉は小さな鋸歯がある。宮川の遊歩道沿いに良く咲いている。高さは花後には 15cm 程になる。

[撮影 :2013.3.16]

アリアケスミレ—スミレ科

大宝殿へ上がった坂道に、白いスミレが目に飛び込んできた。よく見るとアリアケスミレだった。花の色は白色に近いものから、薄い紫色まで多様。葉は細長く先が丸くなる。

[撮影 :2013.3.25]

フモトスミレ —スミレ科

大宝殿の西側斜面には、春になるとシャクナゲの芽が膨らんでくるが、その下の日当たりの良い場所に咲いている。唇弁がやや短く紫の筋が入る。また、葉の裏側は紫色をしている。

[撮影:2013.3.25]

ツボスミレ —スミレ科

花は小さく白色。下弁に紫色の筋が入るのが特色である。境内ではシャクナゲの山の裾によく咲く。別名ニョイスミレと言われ、葉が僧侶のもつ如意に似ているためと言われる。

[撮影:2013.3.26]

スミレ —スミレ科

日当たりの良い場所に咲く。花は濃紫色である。葉は披針状楕円形をしている。花びらは5枚で、径は2cm程度。高さは10～15cm程になる。

[撮影:2013.4.8]

ニオイタチツボスミレ —スミレ科

日当たりの良い草地や山の斜面などによく咲く。花びらが濃いことと、良い香りを発するので分かる。境内ではタチツボスミレは多いが、本種は少ない。

[撮影:2013.3.21]

コスミレ —スミレ科

日当たりの良い場所に生える。葉の基部はハート形になる。葉の裏は紫色を帯びている。花の径は約 1.5cm 程度である。花の紫色は個体によって微妙に濃淡がある。

[撮影:2013.4.9]

ヒメスミレ —スミレ科

花期は 4〜5 月。公園や道ばた等に時々咲いている。小國神社では祖霊社へ向かう道脇に咲いていた。花は小さく、全体的に小型のスミレである。

[撮影:2013.4.4]

ヘビイチゴ —バラ科

花期は4〜5月。日当たりの良い場所に咲く。地面を這うように伸びる。花の径は、1.5cm程度。葉は黄緑色をしている。よく似たヤブヘビイチゴは、葉の緑色が濃い。　　　　　　　　　　　　　　　［撮影:2013.4.1］

ヤブヘビイチゴ —バラ科

花期は4〜6月。半日陰の林下や道ばたに咲く。よく似たヘビイチゴより葉の色が濃く花もやや大きいのが特徴である。　［撮影:2014.5.4］

キジムシロ —バラ科

梅林に咲いていた。日の当たる場所によく咲く。葉の形状に特色があり、奇数羽状複葉になっている。放射状に広がる株をキジが座るむしろに見立てた名前と言われる。

[撮影:2013.5.14]

オヘビイチゴ —バラ科

花は黄色で径は 8mm 程度である。葉の上につくのは 3 小葉のことがあるが、全体的には 5 小葉が多い。遊歩道沿いに咲いているが、田の畦や土手などにもよく咲く。

[撮影:2013.5.18]

ヤエムグラ —アカネ科

花期は4～6月。神社の西側駐車場から歩道の脇にたくさん小さな花をつけ咲いている。花は淡黄緑色。花の径は2～3mm程度。全体にざらついている。

[撮影:2013.4.16]

カラスノエンドウ —マメ科

明るい道ばたなどに生える。花期は3～6月頃で、紅紫色の蝶形花をつける。葉の脇から1～3個つく。つる性で伸びていく。葉は羽状複葉。梅園によく咲く。

[撮影:2013.4.14]

スズメノエンドウ —マメ科

カラスノエンドウに似ているが、それよりやや小さいということで、スズメという名前がつけられた。花は白く薄い紫色の蝶形花である。大宝殿の下の周辺に咲いている。
[撮影:2013.4.14]

カスマグサ —マメ科

カラスノエンドウとスズメノエンドウとの中間的な草花と言うことで名付けられた。梅園の中でカラスノエンドウに混じって咲いていた。花は小さく花弁に紫色の筋がある。
[撮影:2013.4.14]

レンゲソウ —マメ科

花期は4〜6月。中国原産の2年草で、ゲンゲとかレンゲともいわれる。水田に緑肥として栽培されたのが、野生化したもの。これは、梅園に咲いていた。

[撮影：2013.4.1]

クサイチゴ —バラ科

山野の明るい場所によく咲く。白い五弁花をつける。地下茎を伸ばして増えていく。初夏になると、果実が赤くなる。小國神社では梅園によく咲いている。

[撮影：2013.3.27]

ヒメハギ —ヒメハギ科

梅園や宮奥橋の北側などの日の当たる場所に何ヶ所か咲いている。花は 1cm 程度小さいが、まとまって咲いている時がある。紫色の花を咲かせる。

[撮影:2013.3.29]

カタバミ —カタバミ科

大宝殿の下のコンクリートの僅かな土の部分に咲いていた。葉は互生して 3 小葉からなる。花の径は 8mm 程度。4 月頃からたくさん咲き出す。

[撮影:2013.3.29]

タネツケバナ —アブラナ科

日本全国に生える。花期としては、3〜6月頃に咲く。水田や畦や道ばたによく生える。高さは10〜30cm程と高くなる。白色で小型の花を多数つける。

[撮影:2013.4.23]

オオバタネツケバナ —アブラナ科

別名をヤマタネツケバナともいう。花期は3〜6月。川や沢沿いの湿った場所に咲く。花弁は径5mm程度。宮奥橋を越えた川辺に咲いていた。

[撮影:2013.4.20]

ジロボウエンゴサク —ケシ科

原野や山裾などに咲く。高さは 10～15cm 程になる。花は上部にまばらにつく。宮奥橋の北側の日陰に咲いていた。境内ではその他宮川沿いの脇道に咲く。

[撮影:2013.4.5]

ムラサキケマン —ケシ科

花期は 4～5 月で日本全国に咲く。紅紫色の花をたくさんつける。日陰に咲く。高さは 20～40cm 程になる。大宝殿の下の木陰に咲き出していた。宮川沿いにも咲く。

[撮影:2013.4.10]

スルガテンナンショウ
—サトイモ科

東海地方の特産。高さ50〜60cm程度。林下に生え、独特な形をしている。基部の周囲に花がつき花序となる。花序の上部を付属体といい、その先が少し前に曲がっている。

[撮影:2013.3.21]

ウマノアシガタ —キンポウゲ科

花期は4〜5月。高さは30〜50cm程になる。五弁の黄色の花は、大変光沢があるのですぐわかる。宮川沿いの遊歩道の脇や宮奥橋の北側に多く咲く。

[撮影:2013.4.8]

アメリカフウロ —フウロソウ科

北アメリカ原産の帰化植物である。花期は 5 〜 9 月。花は薄い紫色で、茎の先に小さな花を咲かせる。宮川の遊歩道沿いにたくさん咲く。

[撮影 :2013.4.8]

シロツメクサ

—マメ科

花期は 5 〜 8 月。明るい場所に生える。道ばたや土手などに群生する。ヨーロッパ原産の帰化植物。別名クローバーで知られる。花は白色で多く集まって球形の花序をつくる。

[撮影 :2013.4.23]

スズメノヤリ —イグサ科

日当たりの良い場所に咲く。境内では、宮奥橋の北側によく生えている。花は茎頂に密集して咲く。　　　　　　　　　　　［撮影:2013.3.25］

スズカカンアオイ —ウマノスズクサ科

葉は卵状の楕円形をしており、長さは 6 〜 10cm 程度ある。花は紫褐色をしている。花期は 10 月頃から初夏ぐらいまで見られる。分布は静岡県から滋賀県に見られる。　　　　　　　　　　　［撮影:2013.4.23］

シャガ —アヤメ科

林下や湿った場所に咲く。小國神社の場合、遊歩道から林下に群生しているので、季節には見事な光景が展開される。上部で分岐してその先に淡白紫色の花をつける。

[撮影:2012.4.14]

ホウチャクソウ —ユリ科

花は筒状で垂れ、白色で先が緑色になる。花は開かないのが特色。小國神社の遊歩道沿いに咲く。林下に生える。高さは30〜60cm程度になる。

[撮影:2013.4.22]

シラン —ラン科

日の当たる場所に咲く。数年前までは宮奥橋を越えた日の当たる場所によく咲いていたが、最近は梅園にも咲く。花は紅紫色で、茎の先に3〜4個ぐらい咲く。白花の株も時々ある。　　　　　　　[撮影:2013.4.26]

キランソウ —シソ科

大宝殿下の脇道に咲き出していた。春になると道ばたや山道や庭などにも咲く。地面に張り付くようにして咲く。民間薬としても使われる。花期は、3〜5月。　　　　　　　　　　　　　　　[撮影:2013.4.4]

ニワゼキショウ —アヤメ科

明るく日当たりの良い場所に咲く。北アメリカ原産で、明治時代に日本に入ってきた。白いものもある。茎の高さは 10 〜 20cm 程になり群生する。

[撮影:2013.5.12]

キショウブ —アヤメ科

明治時代に日本に入ってきた。湿地、池などに生える。花期は 4 〜 6 月。小國神社ハナショウブ園のすぐ隣の溜まりに咲いていた。茎の高さは、60 〜 100cm 程になる。

[撮影:2013.5.10]

キンラン—ラン科

半日陰の場所に、明るく輝く黄色の花を開いている。高さは30cm程度とそれほど高くはないが、周囲の緑によく映える。低山の貴婦人と言った品格を備えている。

[撮影:2013.5.6]

オオバコ—オオバコ科

全国各地で見られる。棒状になっている花茎にたくさんの花を咲かせる。非常に強い草花である。境内のあちこちで見ることができる。

[撮影:2013.4.29]

ツボミオオバコ —オオバコ科

北アメリカ原産で、日本には大正から昭和にかけて入ってきた。海岸などにも多いが、最近では公園や道ばたにも生える。小國神社では駐車場の脇道などに生えている。　　　　　　　　　　［撮影:2013.4.16］

ミヤコグサ —マメ科

日当たりの良い道ばたなどに生える。茎は地面を這う。葉の脇から花柄を出し、黄色の蝶形花をつける。葉は3出複葉で互生する。萼片や茎は無毛である。宮奥橋を越えた場所に咲く。　　　［撮影:2013.5.13］

タチシオデ—ユリ科

本州から九州の山地の林縁などに育つ。境内では宮奥橋を越えた付近に見られる。葉は卵状楕円形で、緑色の花は5〜6月頃に咲く。似たシオデは7〜8月頃に咲く。

[撮影:2014.5.4]

シュンラン—ラン科

山地や丘陵地の日の当たる場所で、大きな木の根元によく咲く。葉は常緑で線形をしている。花は径3〜5cm程度で、淡黄緑色をしている。境内では余り多くない。

[撮影:2013.5.6]

フタリシズカ —センリョウ科

山道の脇や林下などに見られる多年草。葉は楕円形。5〜6月頃にかけて、白い小さな花を付ける。花穂が普通2本あることから名付けられた。宮川沿いの林下に咲く。

[撮影:2013.5.15]

ヒメコバンソウ —イネ科

境内の駐車場の周りに生えていた。コバンソウより小型で繊細である。5〜7月頃にかけて、花序に淡緑色の三角状卵形の小穂をつける。

[撮影:2013.5.13]

キツネアザミ —キク科

道ばたや水田の脇などに普通に見られるが、境内では少ない。花は紅紫色で、枝の先に1個つく。花の大きさは、2.5cm程度。高さは40〜70cm程度になる。

[撮影:2013.5.13]

ブタナ —キク科

この花は、ヨーロッパ原産の多年草であるが、近年急速に各地に広まってきた。境内では多くないが、やがて広まるかもしれない。花は黄色で、径3〜4cm。花茎が長い。

[撮影:2013.5.22]

スイカズラ —スイカズラ科

つる性の小低木で、明るい林や草地に自生する。花は枝先に2つずつ並んで咲き、白い花は時間が経過すると黄色くなる。梅園の中の林に咲いている。
　　　　　　　　　　　　　　　　　　　　　　　　［撮影：2013.5.24］

ドクダミ —ドクダミ科

日陰の場所を好んで咲く。花弁のように見るのは、4枚の総苞片であり、その上の花穂にたくさんの花をつける。独特の臭気がある。薬草として利用されている。
　　　　　　　　　　　　　　　　　　　　　　　　［撮影：2013.5.25］

ヒメジョオン —キク科

道ばたや空き地に咲く。境内でも駐車場や道ばたに6月頃になると、結構咲く。茎の上部に白い頭花を咲かせる。高さは60〜120cm程になる。

[撮影:2013.5.28]

ナワシロイチゴ —バラ科

道ばたなどに生える落葉低木である。5〜6月頃に咲く。花の径は1cm程度で、平開しない。茎は根元から分岐し、地面をつる状に這う。宮奥橋を越えた道ばたに咲いていた。

[撮影:2013.5.28]

イタチハギ —マメ科

別名をクロバナエンジュという。北アメリカ原産の落葉木で、砂防用に植樹されたというが、各地に野生化した。黒っぽく見える花序がたくさんつくので、よく目立つ。
[撮影:2013.5.25]

トウバナ —シソ科

宮川の道沿いによく咲いている。段をつくって咲くのでこの名前がつけられた。花は5〜6mm程度で数段に輪状に咲く。葉は卵形で対生している。
[撮影:2013.5.25]

ヤマハタザオ —アブラナ科

山地には良く咲いている。5月頃になると茎頂に白い花を咲かせる。花弁は4枚。高さは30〜40cm程になる。　　　　　　［撮影:2014.5.25］

ツルアリドオシ —アカネ科

宮川沿いの湿った斜面に咲いている。小さな白い花が可愛らしい。漏斗状の花冠内には毛が密生している。葉は対生している。秋になると、果実が赤く熟す。　　　　　　［撮影:2013.5.31］

小國神社梅園(3月)

シャクナゲ(5月)

夏の花

6 - 8月

ミゾカクシ—キキョウ科

水気の多いところに咲く。薄いピンクの花冠が5裂する。ハナショウブ園を見学していたところ、あちこちに咲いていた。

[撮影:2013.6.2]

ハナミョウガ—ショウガ科

花期は5〜6月。林下に生え、高さは30〜60cm程度で、先端に多数の紅色の花を咲かせる。秋になると赤い果実がつく。小國神社では林下によく咲く。

[撮影:2012.6.5]

シライトソウ —ユリ科

まさか小國神社の境内に咲いているとは思わなかったので、目を凝らしてみた。道脇の斜面の木陰に白い糸状の花が咲き出している。高さは15〜40cmぐらいで、開花から一週間程度咲いている。　［撮影：2012.6.5］

ウマノミツバ —セリ科

各地の林下に生える。境内では、宮川の遊歩道やシャクナゲの山の道脇に良く咲いている。葉は3小葉からなる。茎の先に小さな白い花が咲く。　［撮影：2013.6.5］

シソバタツナミソウ —シソ科

花期は5〜6月頃。本州、四国、九州に分布し、やや湿った林内に生える。宮川沿いに咲いている。花は薄紫色の唇形花で、葉は卵形で葉脈状に斑の入る物と入らない物とがある。葉の裏も紫褐色になるものと、ならないものとがある。[撮影:2013.6.6]

トキワツユクサ —ツユクサ科

日陰の湿地に咲く。境内では数は多くはないが、宮川沿いの林下に咲いている。南アメリカ原産で、日本には昭和初期に観賞用として入ってきて、その後野生化した。白い三角形の花が咲く。　　　　[撮影:2013.6.6]

ノハナショウブ —アヤメ科

花の色は紫紅色で外被片の基部は黄色。葉の中脈が隆起して目立つ。葉は 0.5 〜 1.2cm 程度と細い。葉は花より上にはいかない。山野の湿地に生える。数は多くない。

[撮影:2013.6.7]

ユキノシタ —ユキノシタ科

湿った場所に良く生える。山道の日陰の場所など群生する。境内では宮奥橋の北側に咲く。花びらは 5 枚。上の 3 枚の花弁には、赤い斑紋がある。葉は腎円形をしている。

[撮影:2013.6.7]

シタキソウ —ガガイモ科

花弁は白色で径 5cm 程。先が 5 深裂する。芳香がある。葉は先がとがった卵状楕円形で、質が厚い。つる性の植物で、開花期は 6 月である。珍しい花なので目に飛び込んできた。

[撮影:2013.6.9]

クチナシ —アカネ科

常緑の低木で、境内では数ヶ所に自生している。芳香を放つ。園芸用として広く出回っている。

[撮影:2013.6.11]

テイカカズラ—キョウチクトウ科

つる性の木で、他の樹木にからみついていく。花は径 2cm 程度で先が5裂し、香がある。葉は対生し、葉の質は固い。宮奥橋を越えた場所によく見かける。　　　　　　　　　　　　　　　　[撮影:2013.6.11]

ウツボグサ—シソ科

小國神社では、宮奥橋を越えた日の当たる場所に咲いている。花の色は紫色で茎の先の穂にたくさんつく。花びらは唇形をし、下唇は3裂する。枯れた穂は茶色くなる。　[撮影:2012.6.12]

ササユリ —ユリ科

山地や丘陵地などに咲く。花は淡紅色なので良く目立つ。葉が細くササの葉に似ていることから名付けられた。宮奥橋を越えた山の斜面などに咲く。

[撮影:2013.6.18]

ヨツバムグラ —アカネ科

草地や林縁などに生える。茎は4稜形。葉は4輪生している。花は小さく、花冠は4裂する。宮川沿いの道ばたに生えているが、小さいので見逃しやすい。

[撮影:2013.6.17]

ナヨテンマ—ラン科

オニノヤガラ属で、本州の千葉県以西に咲くと言われるが、めったに見られない。高さは10～50cm程になる。葉はなく花茎の先に3～15個程の花をつける。花冠は淡褐色で釣り鐘形をしている。
［撮影:2013.6.23］

セッコク—ラン科

5～6月頃に咲く。常緑樹に着生する。花は白色で、横向きに咲く。花の径は約4cm程度である。葉は長楕円形で厚い。根茎はひも状で木や岩などに張り付いて伸びる。小國神社では、杉の木や松などに着生している。［撮影:2013.6.17］

カキラン —ラン科

まさか小國神社の境内に、カキランが咲いているとは思わなかった。比較的日の当たる湿地に咲く。花の径は 2.5cm 程度であるが、黄色い花弁なのでよく目立つ。葉は互生している。　　　　［撮影:2013.6.24］

ネジバナ —ラン科

日本全国に見られる。日の当たる場所に良く生え、紅色の花はよく目立つ。種子は大変小さく、風によって運ばれて増える。花が螺旋状に伸びていくことから名付けられた。　［撮影:2012.6.26］

ツメクサ —ナデシコ科

庭や道ばたに生える。葉は対生し、線形をしている。葉先は尖る。茎の上部の葉の脇から小さな花をつける。花の径は4mm程度。花弁は5枚となっている。
[撮影:2013.6.27]

コナスビ —サクラソウ科

花期は5〜6月頃で、道ばたや草地に生える。宮奥橋の近くの林下に咲いていたのを見つけた。花びらは5裂で、径は6〜7mm程ある。地面を這うように成長する。
[撮影:2012.6.28]

ムラサキニガナ —キク科

遊歩道沿いの半日陰になる林下などに生える。株数は多くはない。長い花茎を伸ばし、茎頂に径1cm程の花をつける。花の基部は筒状になっている。

[撮影:2012.6.30]

ミツバ —セリ科

山野の林下に生える。小國神社の宮川沿いの遊歩道に、小さな花を咲かせる。葉の形は3出複葉で、香りの良い葉は食用にされる。庭先でも栽培できる。

[撮影:2012.6.30]

ジャノヒゲ —ユリ科

山野の林内などに生える。葉は細く竜のヒゲに擬えて、名前が付けられたという。花は径6～7mm程度で、色は白または薄いピンク色をしている。花後は、濃青色の種子をつける。　　　　　　［撮影:2013.7.2］

トチバニンジン —ウコギ科

花期は6～8月。葉は5小葉で掌状複葉で茎に3～5枚輪生する。茎の先に黄緑色の小さな花をつける。秋に紅色の実をつける。小國神社の遊歩道から観察できる距離に咲く。　　　　　　［撮影:2012.7.22］

オカトラノオ —サクラソウ科

白い花穂が長く伸びて垂れている。明るく日当たりの良い場所に咲く。白い小さな5弁花がたくさん集まって花穂をつくっている。宮奥橋を越えた場所によく咲く。

［撮影:2012.6.30］

ヌマトラノオ —サクラソウ科

全体的に小柄で、やや湿った場所に生える。花は白色で、花びらは5裂しているが、中には6裂しているものもある。葉の形は長楕円形で互生している。

［撮影:2013.7.18］

ヒメヒオウギズイセン —アヤメ科

ヨーロッパで交配され、明治中期に渡来した。今では結構各地に見られる。花は径 3cm 前後で、朱色をしている。別名をモントブレチアという。

[撮影:2013.7.2]

コクラン —ラン科

葉は常緑で広楕円形で、先は尖る。花の色は黒っぽい。花茎には稜がある。高さは 10 〜 30cm 程度で、花期は 6 〜 7 月。境内では数は多くないが、日陰で湿った場所に咲いている。

[撮影:2013.7.10]

オオバノトンボソウ
—ラン科

花期は6〜7月で、花の色は淡緑色をしている。茎は直立し、高さは25〜40cm程度である。茎は稜角ある。花の径は1cm程度で10〜20個ほどつく。

[撮影:2012.7.9]

ヤブコウジ—ヤブコウジ科

宮川沿いの林下に、夏咲く。花の色は白色で、深く5片に裂け下向きに咲く。うっかりすると見逃してしまう。常緑の小低木である。果実は球形で赤くなる。

[撮影:2012.7.9]

ヤブレガサ —キク科

山地の林下に生える。早春の頃には、名前の由来となった破れ傘に似た姿を見せている。高さは 50 〜 100cm 程になる。葉は全体で径 40cm 程だが、掌状に深く 7 〜 9 裂する。花は白い。　　　［撮影：2012.7.9］

ヤブジラミ —セリ科

花期は 5 〜 7 月で、白色の小さな花をつける。花の径は 2mm 未満と小さい。高さは 30 〜 100cm 程になる。花のつきかたは複散形花序。宮川沿いに咲く。　　　［撮影：2012.7.9］

ムラサキカタバミ —カタバミ科

紫色の花をつけるカタバミと言うことで、名前がつけられた。高さは5〜15cm程度で、花は5弁花で径1.5cm程度の大きさである。宮奥橋の北側に咲いていた。

[撮影:2012.7.9]

ヤブカンゾウ —ユリ科

花期は7〜8月。花は径8cm程度で、八重咲きである。平地や土手や林の縁などに咲く。花の色は橙色で花茎の先に、数個の花を上向きにつける。

[撮影:2013.7.10]

ノギラン —ユリ科

山野の日陰などによく生える。葉はすべて根生葉である。ロゼット葉を形成している。7〜8月頃咲く。花はクリーム色のものをたくさんつける。

[撮影:2012.7.13]

タケニグサ —ケシ科

境内には多くはないが、ごく少数宮川沿いに咲いている。茎が中空でタケに似ているので、この名がつけられた。茎頂に円錐花序を立て、多くの小花をつける。葉の裏は白い。

[撮影:2013.7.15]

マンリョウ —ヤブコウジ科

常緑の小低木。夏に十数個の白い小花をつける。葉の縁は波打つ。花は径 1cm 程度で五弁花である。秋から冬にかけて球形の赤い果実をつける。
[撮影:2013.7.23]

オトギリソウ —オトギリソウ科

日当たりの良い場所に咲く。茎の先に黄色い五弁花を咲かせる。花の径は、1.5 〜 2cm 程度である。葉の形は卵状楕円形で互生している。高さは 20 〜 60cm 程度。
[撮影:2013.7.25]

ハエドクソウ

—ハエドクソウ科

低山や林下の日陰の場所に育つ。名前は、この植物から蝿取り紙を作るのに利用されたことから名付けられた。花は白色と紫色からなる。花冠は上下に2裂する。

[撮影:2012.6.30]

ヒメヤブラン—ユリ科

日当たりの良い場所に咲く。花茎は直立し、花は上向きに咲く。よく似たジャノヒゲは、日陰を好み、花は下向きに咲く。

[撮影:2013.7.31]

コマツナギ —マメ科

7〜9月にかけて咲く。道端や野原などに咲く。葉の脇から総状花序を立て、蝶形花をつける。花は淡紅紫色。根や茎が上部で、馬をつなげることができるということから、名付けられた。　　　［撮影:2013.7.26］

コオニユリ —ユリ科

オニユリに比べて全体的に小さい。花の径は7〜8cm程になる。花は朱赤色で黒紫色の斑点がある。ムカゴはない。宮奥橋を越えた、日の当たる場所に咲いていた。　　　［撮影:2012.8.2］

ヤマユリ —ユリ科

草地や林縁などに咲く。強い香りがある。花期は6月〜8月である。
花は茎の先に1個から数個つく。花は比較的大きく20cm前後である。

[撮影:2013.7.27]

オオケタデ —タデ科

荒れ地や道ばたなどによく生える。高さは1.5〜2m程と高い。花は
淡紅色で、枝先に穂状につく。葉は広卵状で互生する。

[撮影:2013.7.29]

イワタバコ —イワタバコ科

境内では珍しい。山地の湿り気のある岩壁などに生える。紅紫色の花を咲かせる。径1cm前後である。葉は卵状楕円形で大きい。

[撮影:2013.7.31]

ヤブミョウガ
—ツユクサ科

小國神社境内の林下には多くのヤブミョウガが咲く。花の色は白色で、輪状に数段ついて咲く。葉がミョウガに似ていることとヤブの中によく咲くことから名付けられた。　[撮影:2012.8.1]

ヨウシュヤマゴボウ —ヤマゴボウ科

原産は北アメリカで明治の初めに持ち込まれた。秋になると濃い紫色の実をつけ、茎も赤くなる。道ばたや空き地などに咲く。

[撮影:2013.8.1]

ハグロソウ —キツネノマゴ科

宮川沿いの遊歩道の脇によく生えている。日陰の場所によく咲く。花は薄い紅色で唇形をしており、口を開いているように見える。高さは 20〜50cm 程である。

[撮影:2013.7.29]

ヤマキツネノボタン —キンポウゲ科

北海道から九州までの、湿り気のある場所に生える。高さは20～30cm程度。キツネノボタンの変種と言われる。この種は、7～8月に咲く。

[撮影:2013.7.25]

ウリクサ —ゴマノハグサ科

花期は8～10月頃、畑や道ばたなどに咲く。花は淡紫色で小さい。葉は対生して、茎は地を這う。花冠は唇形で長さ1cm程度である。

[撮影:2013.8.6]

ウバユリ —ユリ科

宮川の周辺や林下に咲いている。高さ1m程の茎の先に、緑白色の花が水平についているのですぐに分かる。花が咲く頃に、下部の葉がなくなることから、歯なしの姥にたとえて名付けられた。 ［撮影：2013.8.8］

サジガンクビソウ —キク科

山野に生えるが、梅園近くの道端に咲いていた。頭花は淡緑色で下向きに咲く。高さは20〜50cm程度で、葉は互生し、根生葉がある。

［撮影：2013.8.8］

ヒメガンクビソウ —キク科

頭花は淡黄色でサジガンクビソウより小さく細長い。高さは15～45cm程度で、ひょろっとしている。山野に咲く。根生葉がある。

[撮影:2013.8.8]

ミズヒキ —タデ科

宮川沿いの遊歩道には、多くのミズヒキが咲いているのを見ることができる。細い花穂には花弁はなく、萼片の上部が赤く、下半部が白い。葉は広卵形で互生している。

[撮影:2012.11.1]

シンミズヒキ —タデ科

葉はミズヒキよりやや大形である。枝先に糸状の細長い花序を出し、まばらに赤い花をつける。葉にはミズヒキのような黒斑は入らない。

[撮影:2012.8.23]

ユウスゲ —ユリ科

別名「キスゲ」とも言うが、響きはユウスゲの方が良い。名前は、夕方開花して葉がスゲに似ているからといわれる。薄暗くなってからレモンイエローの花は、爽やかである。

[撮影:2012.8.12]

タカサゴユリ —ユリ科

筒の外側に赤い筋が入るので、テッポウユリとは区別できる。境内では東側の駐車場の山の斜面によく咲いている。葉は線形で、高さは1m前後になる。
［撮影：2013.8.11］

ヒヨドリジョウゴ —ナス科

山野の道ばたなどによく咲いている。名前の由来は、赤くなった果実をヒヨドリがよく食べるからだという。他の物にからみつく。花冠は5裂する。花の径は1.2cm程度。
［撮影：2013.8.14］

アキカラマツ —キンポウゲ科

山地の草地や道端に咲いている。花は淡黄色で枝先に円錐状に多数つける。葉の裏はやや白みがかっている。名前の由来は、雄しべの様子がカラマツの葉状にたとえてついた。

[撮影:2013.8.15]

ボタンヅル —キンポウゲ科

山地の道端などに生える。つる性の多年草である。茎は長く伸びて、茎には稜がある。8月下旬頃から、白い花を咲かせる。葉は3角状の卵形。

[撮影:2013.8.23]

ダイコンソウ—バラ科

花は黄色で径 1.5cm 程度である。高さは 40〜70cm 程度。先端の小葉は大形で丸みがある。全体に軟毛が生えており、根生葉がダイコンの葉に似ているため名付けられた。

[撮影:2013.9.25]

マツカゼソウ—ミカン科

山地の林の縁や山道沿いに生える。宮川沿いの遊歩道の脇に生えている。高さは 40〜80cm 程度である。花は枝先に小さな白い花をつける。葉は 3 回 3 出複葉で互生する。

[撮影:2012.8.16]

フユイチゴ —バラ科

林下に生える常緑低木。地面を這うように伸び、斜めに枝を出している。枝先に5弁の白花を咲かせる。晩秋から冬にかけて、赤い実をつける。実は食べられる。多数見られる。 ［撮影:2012.8.16］

センニンソウ —キンポウゲ科

道ばたに生えていた。つる性でよく成長する。花は白色。円錐花序に葉が隠れるほどに花が密に咲く。葉は羽状複葉で、小葉は縁はなめらかである。 ［撮影:2013.8.24］

キキョウ —キキョウ科

日当たりが良い草地に咲く。紫色の花は、日差しの強い夏場に咲きだし、爽やかさを感じさせる。最近野生のキキョウが減少している。静岡県版レッドデータブックの絶滅危惧Ⅱ類に分類されている。　　　［撮影:2012.8.20］

ツユクサ —ツユクサ科

道ばたに青色の花が群生していることが多い。花びらは3枚で、2枚は大きい。名前の由来は、朝開き、昼過ぎにはしぼむという朝露に似ていることから名付けられた。　　　［撮影:2012.10.19］

キジョラン —ガガイモ科

南関東地方から西の地域に生える。つる性の多年草。茎は長く伸びて他の樹木などにからみつく。葉は対生し丸い。夏の終わり頃に花序を出し、9月中〜下旬に花を開く。　　　　　　　　　　[撮影:2013.8.24]

ヤブガラシ —ブドウ科

地下茎を伸ばして繁殖していく。いろいろな場所がこの植物で占領されるので、嫌われる。別名ビンボウカズラともいう。花は萼がなく、花弁は4枚で緑色。　　　　　　　　　　　　　　　[撮影:2012.9.25]

ヘクソカズラ —アカネ科

名前とは裏腹に可愛い花である。藪や雑木等に絡まっている。花は筒状で花冠の先は5裂している。中央部分は暗赤色になっている。別名は、ヤイトバナともいう。

[撮影:2012.8.31]

チダケサシ

—ユキノシタ科

山野の湿った場所を好む。茎の上部に円錐花序を出し、淡紅色の花をたくさん密集させる。高さは40～60cm程ある。花期は6～8月頃である。

[撮影:2012.8.2]

オオニシキソウ —トウダイグサ科

花期は 6 〜 10 月。似たものにニシキソウとコニシキソウがあるが、これらは茎が地を這うが、これは茎が立ち上がる。葉は対生し紅色の小さな花をつける。

[撮影：2013.8.11]

コラム

小國神社十二段舞楽
国の重要無形民俗文化財

小國神社の舞楽は、延宝八年の社記によれば、第42代文武天皇の大宝元年2月18日の例祭に勅使が参向し、十二段舞楽を奉納したと伝えられ起源は古く、奈良時代から伝えられたものといわれている。

この舞楽は、乱世にも絶えることなく続けられ、祢宜の鈴木左近家が代々舞楽師範となり、明治以降は氏子一同により、毎年4月17日及び18日の例祭に舞殿において、連舞、色香、蝶舞、鳥舞、太平楽、新まく、安摩、二の舞、抜頭、陵王、納蘇利、獅子舞の十二段が奉納される。

[森町教育委員会、森町文化財保存会]

花しょうぶ園(6月)

夏の宮川(8月)

秋の花

9 – 12月

ベニバナボロギク —キク科

花序は全体がうなだれ、頭花が垂れるのが特色である。花の色は朱色でよく目立つ。明るく日の当たる場所に見られる。花期は 8 〜 10 月である。
[撮影:2012.9.3]

ナンバンギセル —ハマウツボ科

ススキなどの根に寄生する。日当たりの良い場所の道端に咲いていた。花の色は紅紫色である。名前の由来は、外国から入ってきたキセルに似ていると言うことからつけられた。
[撮影:2013.9.8]

シュウカイドウ —シュウカイドウ科

長い花柄をもった花が下向きに咲く。日陰の場所によく生えている。小國神社では、社殿社務所の裏を始め数ヶ所に自生する。江戸時代に日本に入ってきたと言われる。

[撮影:2012.9.2]

キンミズヒキ —バラ科

宮川の遊歩道近くに生える。高さは 30 〜 80cm 程度である。花は茎や枝の先に総状につく。黄色で花びらは 5 枚。名前の由来は、黄色く長い花序をタデ科のミズヒキになぞらえたもの。

[撮影:2012.9.2]

ヒメキンミズヒキ

—バラ科

キンミズヒキに似ているが、全体的には小形である。細い花穂に小さな黄花をまばらにつける。高さは30cm程度で、キンミズヒキより小さい。宮川の遊歩道付近に咲いている。

[撮影:2012.9.24]

ネコハギ—マメ科

日当たりの良い道端に生えている。茎は細長く地を這う。葉は互生し、3小葉になっている。花は、葉の脇から出る。花は白色で、径7mm程である。

[撮影:2013.9.13]

ヤハズソウ —マメ科

葉は3小葉で互生している。花は淡紅色の蝶形花である。径5mm程度と小さい。日本各地の山野に生える。 ［撮影:2013.9.12］

ハシカグサ —アカネ科

4弁の白い小さな花を咲かせる。径4mm程度と小さい。宮川沿いの林下に咲く。地面を這って茎を伸ばす。葉は対生している。名前の由来は分からない。 ［撮影:2013.9.11］

トキリマメ —マメ科

葉の脇から黄色い蝶形花を咲かせる。つる性の多年草である。葉は3出複葉で、頂小葉は、下半分は広く、先は尖る、山野の道端などによく咲いている。
[撮影:2013.9.10]

イタドリ —タデ科

道端や土手などによく咲いている。花は白色で、枝先や葉のわきに円錐状に多数咲かせる。葉は卵状楕円形で互生する。名前の由来は、根茎を鎮痛剤などに使い「痛みをとる」ということからきている。　[撮影:2013.9.6]

シュウブンソウ —キク科

秋分の頃に咲くためこの名前がつけられた。宮川の遊歩道脇によく咲いている。枝先や葉の脇から淡黄緑色の径4〜5mmの頭花をつける。葉は長楕円形である。

［撮影:2012.9.19］

キツネノマゴ —キツネノマゴ科

淡紅紫色の可愛らしい花が、茎の先に穂状に咲く。白い花もある。明るく日の当たる道を歩いていると、あちこちに見つけることができる。高さは10〜30cm程度。

［撮影:2012.9.19］

ガンクビソウ —キク科

枝の先に球形の黄色の頭花が横向きに咲く。名前の由来は、頭花がキセルの雁首に似ていることから名付けられた。この種のものに、ミヤマヤブタバコ、サジガンクビソウ、ヒメガンクビソウがある。　　　　［撮影：2012.9.19］

メナモミ —キク科

茎は直立し毛が多い。この点がコメナモミとは違う点である。頭花は黄色で、葉は卵状円形で大きい。葉は対生し、葉柄に翼がある。日当たりの良い山道の脇に生えている。　　　　［撮影：2012.10.13］

クズ —マメ科

花期は8〜9月で、日の当たる土手や山野につるを伸ばして成長する。色は紅紫色をしており、よく目立つ。花びらは5枚で蝶形花。根から、葛粉がつくられる。

[撮影:2012.9.9]

ヤマハギ —マメ科

落葉半低木。日の当たる山野や道ばたに生える。葉は3小葉からなる。花期は7〜10月。花は淡紫色と白色が混じる。高さは2m程になる。宮奥橋の北の道脇に咲く。

[撮影:2012.9.8]

フジカンゾウ —マメ科

花の色は、淡紅色の蝶形花で総状花序にたくさん開く。花の長さは1cm前後あり、良く目立つ。名前の由来は、花がフジに似ていることと、葉がカンゾウに似ているため。　[撮影:2012.9.8]

アレチヌスビトハギ —マメ科

北米原産の帰化植物で、高さ1m程度になる。葉は3小葉からなり、やや細長い。9月頃から6〜9mm程の小さな紫色の花を咲かせる。宮川の遊歩道沿いに見ることができる。　[撮影:2012.9.8]

ヤブラン —ユリ科

夏の木陰や遊歩道にたくさん淡紫色の花を見ることができる。高さは20〜50cm程と他種類ある。花が終わると径1cm程度の黒い球状の種子がつく。

[撮影:2012.9.21]

ヤブタバコ —キク科

葉の脇に黄色の頭花が下向きにつき、葉はタバコの葉に似ている。名前も、藪に生えタバコの葉に似ているということから名づけられた。遊歩道のあちこちに見られる。

[撮影:2012.9.22]

ママコノシリヌグイ —タデ科

宮川沿いに川の流れを見ながら歩いて行くと、この花が咲いているのを見つけた。枝先に花がつくが、上部は紅色、下部は白色で花弁はない。茎にはトゲがある。葉は三角形をしている。　　　　　　　［撮影:2012.9.24］

メドハギ —マメ科

明るい場所に生える。花の色は黄白色で紫色の線が入る。花びらは5枚の蝶形花である。葉の形は、3出複葉。高さは60〜100cm程である。似たものに、茎が地面を這うハイメドハギがある。　　　［撮影:2012.9.25］

キセルアザミ —キク科

花が下向きに咲き、茎をやや曲げた格好がキセルに似ていることから名付けられた。葉はほぼ根生葉のみで、広がったロゼットの中央から茎を伸ばして先端に花をつける。別名マアザミともいう。　　　　［撮影:2012.9.24］

オミナエシ —オミナエシ科

秋の七草の一つ。先端の茎からいくつかに分かれ、花弁が5枚あり、小さな花が茎の先に散房状につく。結構長い間咲いている。高さは1m程になる。　　　　　　　　　　　　　　　　　［撮影:2012.9.21］

オトコエシ —オミナエシ科

山野に生える。花の色は白色で、茎の先に散房状につく。花冠は5裂し日当たりの良い場所を好む。葉は羽状に深く切れ込み、縁がぎざぎざしている。
[撮影:2012.9.27]

イヌホオズキ —ナス科

道ばたなどに生える。高さは40〜50cm程度。花は白色で5〜6個つける。果実は熟すと黒く球状になる。
[撮影:2012.9.25]

タムラソウ —キク科

アザミに似ているがトゲもなく、葉も違うので区別はできる。境内では数は多くないが咲いている。頭花は上向きに付ける。名前の由来ははっきりしない。葉は互生し、根生葉と下部の葉は深裂する。　　　　　　［撮影:2012.9.26］

ヤブマメ —マメ科

ヤブに生えるマメという意味で、名前がつけられた。花は淡紫色で蝶形花をしており、葉の脇に固まってつく。葉は3出複葉で、小葉は広卵形をしている。つる性で伸びる。　　　　　　　　　　［撮影:2012.9.27］

ミズタマソウ —アカバナ科

花は白色で茎の先や葉の脇につく。日陰などによく咲く。高さは20〜50cm程度。葉は浅い鋸歯があり、広披針形をしている。名前の由来は、果実に露のかかった様子を水玉にたとえた。　　　　　　［撮影:2012.9.27］

アメリカセンダングサ —キク科

名前のように北アメリカ原産の帰化植物である。繁殖力が強く全国各地に広がっている。茎は四角形で暗紫色をしている。頭花は黄色である。小さな舌状花をつける。　　　　　　　　　　　　［撮影:2012.9.27］

ヤマゼリ —セリ科

山地の林下や山道脇などに生えている。枝の先に小形の複数形花序をつくり、白い五弁花を咲かせる。高さは 50 〜 100cm 程で、茎は上部で多く枝分かれする。葉は互生する。

[撮影:2012.10.9]

ツルリンドウ —リンドウ科

道の脇のシダ植物に絡まって咲いていた。花は下向きに咲く。釣り鐘形で先が 5 裂する。大きさは 2.5 〜 3cm 程。色は淡紫色をしている。茎はつる性で伸びる。

[撮影:2013.9.29]

ハダカホオズキ—ナス科

宮奥橋の北側まで歩いての帰路、ふと道の脇を見ると、見慣れない花が下向きに咲いている。花は径8〜10mmで、淡黄色をしている。先端は5裂してそりかえる。　　　　　　　　　　　　　［撮影:2012.9.12］

チカラシバ—イネ科

日当たりの良い道ばたや荒れ地などに生える。高さは30〜70cm程でよく群生している。葉は緑色の細長い線形をしている。名前の由来は、しっかりと根を張り、なかなか抜けないためと言われる。　［撮影:2012.9.27］

ホウキギク —キク科

花期は8〜10月。荒れ地や道端などに生える。北アメリカ原産の1年草。茎は直立し、中程から枝分かれする。花は白色、冠状花は黄色。葉は互生し、線状披針形をしている。 [撮影:2013.9.22]

ヒヨドリバナ —キク科

秋も深まり、ヒヨドリが鳴く頃に咲くと言うことで名付けられた。高さは1〜1.5m程になる。花は散房状に枝の先につく。頭花はすべて筒状花からなり、花冠から糸状の花柱が出る。 [撮影:2012.9.12]

ヒメシロネ—シソ科

花の色は白色で、葉の脇に集まってつき、段になる。山地のやや湿った場所に咲く。花びらは唇形である。花の大きさは径5mm程度である。高さは30〜70cm程度。　［撮影:2012.9.12］

チヂミザサ—イネ科

林の中や道ばたによく見られる。葉がササに似て縮れるのでその名前がつけられた。茎の高さは10〜30cm程度で、茎の先に長さ5〜15cmの花序を出して、数本の短い枝に分かれ、2mm程度の緑色の小穂をつける。［撮影:2012.10.4］

キクアザミ —キク科

山地の草原や道端に咲く。花は紫桃色で、高さは 80 〜 100cm 程になる。葉は長卵形で羽状で切れ込みがある。

[撮影:2013.10.3]

レモンエゴマ —シソ科

山地の道端などに生える。花は白色から淡薄桃色をしており、唇形をしている。茎は直立し、軟毛がある。また茎は稜がある。葉は対生し卵形で鋸歯がある。

[撮影:2013.10.5]

サワヒヨドリ —キク科

やや湿った場所に生える。ヒヨドリバナやオトコエシなどと似たような場所に咲く。花の色は淡紅紫色で、茎の先に散房状にたくさんつく。葉の形は、披針形で対生している。

[撮影：2012.10.1]

コセンダングサ —キク科

境内では、宮奥橋を越えた日の当たる道の脇に生えている。高さは50〜100cm程ある。上部に黄色い頭花をつける。葉身は羽状に裂け、数個の小葉に分かれる。

[撮影：2012.10.8]

アキノノゲシ —キク科

明るく日の当たる道の脇などに生える。薄い黄色の花が上部にたくさんつく。頭花は上向きに咲く。頭花は舌状花からなる。9月下旬から10月にかけて各地に咲き出す。　　　　　　　　　［撮影：2012.10.8］

ミゾソバ —タデ科

宮川の水際によく咲いている。茎は地表を這い、上部は立ち上がる。高さは 30 〜 40cm 程度で、花茎は 1cm 程度と小さい。ママコノシリヌグイも似たような場所に咲くので間違いやすい。　［撮影：2012.10.1］

ノダケ —セリ科

最初見た時は、ある植物が、花の時期が終わり枯れ出したものかと思った。花の色は、暗紫色の花で枝先にたくさんつける。花は2mmと小花である。葉柄は袋状にふくらみ、やや紫がかる。　［撮影：2012.10.1］

ヒガンバナ —ヒガンバナ科

お彼岸頃になると、土手や田の畦などに咲き出す。多くの草花の中で、このヒガンバナの造形美にはいつも感心する。別名を曼珠沙華ともいう。境内では、宮川の土手や杉の林下や駐車場の周辺にまとまって咲く。　［撮影：2012.10.8］

シラネセンキュウ—セリ科

山地の半日陰のような場所に咲いている。花の色は白色で、茎の先に多数つける。花びらは5枚ある。葉は3出羽状複葉。高さは80～150cm程になる。

[撮影:2013.10.5]

イヌヤマハッカ—シソ科

日陰の林下に咲く。宮川沿いに咲いている。花は薄い青紫色をし、下唇の縁がつきだしている。茎は4稜形で葉は対生している。

[撮影:2013.10.9]

マツムシソウ —マツムシソウ科

小國神社境内で、まさかマツムシソウに出会うなどと言うことは考えていなかったので、見たときは驚いた。やや小振りだが、薄青紫色の花は存在感がある。
[撮影:2012.10.10]

ホシアサガオ —ヒルガオ科

名前の由来は、アサガオに似て星形の花であるためつけられた。日の当たる草地や道ばたによく生える。つる性で伸び、葉の脇から長い花茎を出し、径1〜2cm程度の花を咲かせる。中心は紅紫色をしている。　[撮影:2012.10.16]

ノコンギク —キク科

山野の道端や林の縁などに咲く。淡青紫色の花から、その名前がつけられたが、まれに白い花もある。葉はざらつき、枝先に多数の頭状花をつける。葉は互生している。

[撮影:2013.10.14]

ハキダメギク —キク科

頭花は径5mmほどで、数個の白い舌状花がある。舌状花は白く花冠の先は3つに裂ける。道端や畑の脇などに生える。高さは10〜50cm程度とまちまちである。

[撮影:2012.10.20]

リュウノウギク —キク科

葉に特色があり、先は3つに中裂している。葉を揉むと香りがする。花は白く径3〜5cm程度。山の斜面などによく咲く。

[撮影:2013.10.30]

ボントクタデ —タデ科

花期は9〜10月頃である。茎は紅紫色になり、葉の表面には黒斑がある。花穂はやや細く花つきはまばらになる。葉には辛みがない。

[撮影:2012.10.19]

ハナタデ —タデ科

宮川の遊歩道沿いには良く咲いている。花の色は淡紅色で、まばらに咲く。高さは 30 〜 60cm 程度。葉の表面には、うっすらと黒斑が入っている。

[撮影 :2013.10.18]

コウヤボウキ —キク科

名前の由来は、高野山でこの枝を使用して箒を作ったことからと言われている。花の色は白色で、10 〜 15 個の筒状花よりなる。宮川沿いの遊歩道沿いにも良く見られる。 [撮影 :2012.10.16]

ゲンノショウコ —フウロソウ科

白い花と紅の花とがあり、小國神社のものは白色である。以前冨幕山では白と紅が混在していた。東日本では白が多く、西日本では紅色が多いという。花弁は5個で、径1.5cm程度である。　　　［撮影：2012.10.12］

キッコウハグマ

—キク科

葉が独特な5角形をし、やや浅裂している。その葉が根本から放射状についている。高さ15cm程の茎に、数個の小さな白い花をつけるが、開花するものと閉花したままのものとがある。小國神社の場合は閉花している。

［撮影：2012.10.19］

ホトトギス —ユリ科

植物の成長の早さには驚く。数日前には余り開花していなかったのが、見事に咲いていた。花は葉の脇から上向きに咲き、白地に紫の斑点がある。葉は互生し、基部は茎を抱いている。　　　［撮影:2012.10.22］

キチジョウソウ —ユリ科

葉に隠れるように花茎を伸ばし、穂状に花をつける。花が咲くと良いことがあると言われる。液果は球形で径6〜9mm程。宮川沿いの斜面に2株ほど咲く。　　　［撮影:2013.10.25］

テイショウソウ
—キク科

やや湿った林下に生える。花の色は白色である。高さは 30 〜 40cm 程になる。葉は卵状ほこ形で、葉の表面に白い模様ができる。似たエンシュウハグマとは葉が違う。　[撮影：2012.10.28]

ワレモコウ —バラ科

山野の日の当たる場所に生える。高さは 50 〜 100cm 程になる。茎の上部で分岐して、楕円形の花序を出す。花は暗紅紫色をしている。葉は小さく互生している。　[撮影：2012.10.28]

アキノキリンソウ —キク科

花期は 8〜11 月であるが、場所によって開花時期が違う。日の当たる山野に咲く。花の色は黄色で、茎の上部に多数つく。

[撮影 :2013.11.25]

イヌセンブリ —リンドウ科

センブリは日当たりの良いやや乾いた場所に咲くが、イヌセンブリはやや湿った場所に育つ。センブリは緑色の蜜腺が目立つが、イヌセンブリには見えず、白毛が目立つ。

[撮影 :2013.10.29]

アケボノソウ —リンドウ科

もう帰ろうかと車を走らせて行くと、山茶花が咲いていたので駐車したところ、なんと近くにアケボノソウが咲いていて驚いた。やや日陰で湿った場所に生える。花冠が5つに裂け、白黄色に緑の斑点がある。　[撮影:2013.10.14]

セキヤノアキチョウジ —シソ科

宮川の神社側の遊歩道を行くと、日陰の林地に青紫色の細長い花を下向きに咲かせている。花びらは唇形で筒部が長く、少し変わった花である。この花の柄は1〜2.5cmとやや長い。　[撮影:2012.10.31]

ツルニンジン —キキョウ科

思わぬところで、ツルニンジンを見つけて驚いた。小國神社の境内では、群生はしていないが、時々見つけることができる。別名ジイソブとも呼ばれる。花冠は 3cm 程度の広鐘形をしている。

[撮影:2012.10.31]

ツワブキ —キク科

遠州地方には良く生えている。海岸部にも咲いている。高さ 30 〜 70cm になる。葉は腎円形をしている。枝先に黄色の頭花をつける。漢字では石蕗と書く。

[撮影:2012.11.1]

アキノウナギツカミ —タデ科

変わった名前であるが、茎に下向きのトゲがあり、ウナギでもつかめると言うことから名付けられたという。枝先に十数個の花がかたまってつく。葉は基部が茎を抱いている。

[撮影:2012.11.1]

ヤクシソウ —キク科

小國神社の第七駐車場の山の斜面に咲いていた。宮川沿いには見られない。枝先や葉の脇に径15mm程度の頭状花をつける。葉は互生している。

[撮影:2012.11.1]

フユノハナワラビ

—ハナヤスリ科

花期は 10〜11 月頃で、日当たりの良い道ばたや丘陵地に咲く。大宝殿の南側の斜面にはよく咲いている。　　　［撮影：2012.11.1］

リンドウ —リンドウ科

青紫色の釣鐘形の花を咲かせる。茎の先や葉の脇に花をつける。多少日陰の場所でも咲く。日が当たると開き、暗くなったり曇っていたりするとしぼむ。高さは 20〜30cm 程になる。　　　［撮影：2012.11.7］

サラシナショウマ —キンポウゲ科

宮川の遊歩道を歩いていると、白い花が咲いている。なんとサラシナショウマではないか。小國神社でまさか出会うとは思っても見なかったので嬉しかった、花は花茎の先に総状につく。ブラシのようだ。　　［撮影：2012.11.9］

コラム

夏越の大祓式

毎年、6月30日に行われる神事である。古くは宮中の行事として、平安時代から執り行われているといわれる。特に夏越の大祓では、自分の罪や穢れを身代わりとなる人形に移し祓い清め、境内に設けられた茅の輪「蘇民将来」と唱えながら八の字にくぐり、災厄・疫病除を願うものである。

［小國神社発行誌「玉垂」（たまだれ）第41号より］

小國神社の花々

索引

ア

アキカラマツ	79
アキノウナギツカミ	122
アキノキリンソウ	119
アキノノゲシ	109
アケボノソウ	120
アメリカセンダンギク	102
アメリカフウロ	34
アリアケスミレ	21
アレチヌスビトハギ	96
イタチハギ	46
イタドリ	92
イヌセンブリ	119
イヌホオズキ	100
イヌヤマハッカ	111
イワタバコ	72
ウツボクサ	55
ウバユリ	75
ウマノアシガタ	33
ウマノミツバ	51
ウリクサ	74
オオイヌノフグリ	15
オオケタデ	71
オオジシバリ	11
オオニシキソウ	85
オオバコ	39
オオバタネツケバナ	31
オオバノトンボソウ	64
オカトラノオ	62
オトギリソウ	68
オトコエシ	100
オニタビラコ	12
オニノゲシ	10
オヘビイチゴ	26
オミナエシ	99

カ

カキオドシ	18
カキラン	58
カスマグサ	28
カタバミ	30
カラスノエンドウ	27
ガンクビソウ	94
キキョウ	82
キクアザミ	107
キジムシロ	26
キショウブ	38
キジョラン	83
キセルアザミ	99
キチジョウソウ	117
キッコウハグマ	116
キツネアザミ	43
キツネノマゴ	93
キュウリグサ	19
キランソウ	37
キンミズヒキ	89
キンラン	39
クサイチゴ	29
クズ	95
クチナシ	54
ゲンノショウコ	116
コウゾリナ	9
コウヤボウキ	115
コオニユリ	70
コクラン	63
コスミレ	24
コセンダングサ	108
コナスビ	59
コマツナギ	70

サ

ササユリ	56
サジガンクビソウ	75
サラシナショウマ	124
サワヒヨドリ	108
ジシバリ	11
シソバタツナミソウ	52
シタキソウ	54
シャガ	36
ジャノヒゲ	61
シュウカイドウ	89
シュウブンソウ	93
シュンラン	41
シライトソウ	51
シラネセンキュウ	111
シラン	37
シロツメクサ	34
シロバナタンポポ	8
ジロボウエンゴサク	32
シンミズヒキ	77
スイカズラ	44
スズカカンアオイ	35
スズメノエンドウ	28
スズメノヤリ	35
スミレ	23
スルガテンナンショウ	33
セイヨウタンポポ	8
セキヤノアキチョウジ	120
セッコク	57
セントウソウ	19
センニンソウ	81
センボンヤリ	9

タ

ダイコンソウ	80
タカサゴユリ	78
タケニグサ	67
タチイヌノフグリ	15
タチシオデ	41
タチツボスミレ	21
タネツケバナ	31
タムラソウ	101
チカラシバ	104
チダケサシ	84
チヂミザサ	106
ツボスミレ	22
ツボミオオバコ	40
ツメクサ	59
ツユクサ	82
ツルアリドオシ	47
ツルニンジン	121

125

ツルリンドウ	103	ヒメオドリコソウ	17	ムラサキカタバミ	66
ツワブキ	121	ヒメガンクビソウ	76	ムラサキケマン	32
テイカズラ	55	ヒメキンミズヒキ	90	ムラサキサギゴケ	17
テイショウソウ	118	ヒメコバンソウ	42	ムラサキニガナ	60
トウカイタンポポ	7	ヒメジョオン	45	メドハギ	98
トウバナ	46	ヒメシロネ	106	メナモミ	94
トキリマメ	92	ヒメスミレ	24		
トキワツユクサ	52	ヒメハギ	30	**ヤ**	
トキワハゼ	16	ヒメヒオウギズイセン	63		
ドクダミ	44	ヒメフタバラン	7	ヤエムグラ	27
トチバニンジン	61	ヒメヤブラン	69	ヤクシソウ	122
		ヒヨドリジョウゴ	78	ヤハズソウ	91
ナ		ヒヨドリバナ	105	ヤブガラシ	83
		フキ	6	ヤブカンゾウ	66
ナヨテンマ	57	フジカンゾウ	96	ヤブコウジ	64
ナワシロイチゴ	45	ブタナ	43	ヤブジラミ	65
ナンバンギセル	88	フタリシズカ	42	ヤブタバコ	97
ニオイタチツボスミレ	23	フモトスミレ	22	ヤブヘビイチゴ	25
ニガナ	12	フユイチゴ	81	ヤブマメ	101
ニワゼキショウ	38	フユノハナワラビ	123	ヤブミョウガ	72
ヌマトラノオ	62	ヘクソカズラ	84	ヤブラン	97
ネコハギ	90	ベニバナボロギク	88	ヤブレガサ	65
ネジバナ	58	ヘビイチゴ	25	ヤマキツネノボタン	74
ノアザミ	14	ホウキギク	105	ヤマゼリ	103
ノギラン	67	ホウチャクソウ	36	ヤマハギ	95
ノゲシ	10	ホシアサガオ	112	ヤマハタザオ	47
ノコンギク	113	ボタンヅル	79	ヤマユリ	71
ノダケ	110	ホトケノザ	18	ヤマルリソウ	20
ノハナショウブ	53	ホトトギス	117	ユウスゲ	77
		ボントクタデ	114	ユキノシタ	53
ハ				ヨウシュヤマゴボウ	73
		マ		ヨゴレネコノメ	6
ハエドクソウ	69			ヨツバムグラ	56
ハキダメギク	113	マツカゼソウ	80		
ハグロソウ	73	マツバウンラン	16	**ラ**	
ハシカグサ	91	マツムシソウ	112		
ハダカホオズキ	104	ママコノシリヌグイ	98	リュウノウギク	114
ハナタデ	115	マンリョウ	68	リンドウ	123
ハナミョウガ	50	ミズタコソウ	102	レモンエゴマ	107
ハハコグサ	13	ミズヒキ	76	レンゲソウ	29
ハルジオン	14	ミゾカクシ	50		
ハルリンドウ	20	ミゾソバ	109	**ワ**	
ヒガンバナ	110	ミツバ	60		
ヒメウズ	13	ミヤコグサ	40	ワレモコウ	118

宮川沿いの紅葉(11月)

あとがき

　宮川沿いの遊歩道をゆっくり1周すると、20〜30分とちょうど良い健康づくりになる。四季折々の草花を見ながら、澄んだ空気を吸いながら歩くことは、大変気持ちが良い。

　3年間ほど撮り続けたものだが、ページ数の関係で割愛したものもあるが、大方の草花は収録していると思う。写真撮影は素人なので、不鮮明な部分も多々ある。今後も自然豊かな小國神社の森を大切にしながら、移り変わる自然や草花を温かく見守っていきたい。

坂部哲之 1947年静岡県に生まれる。公立中学校校長を経て、磐田東中学校・高等学校副校長として勤務。平成26年度より磐田市立田原公民館長。「静岡県史」近世部会調査委員。「東海道交通史の研究」共同執筆。詩集「夢をのせて」等

小國神社の花々

発売日：2015年3月2日　改訂版第一刷発行

著者：坂部哲之
発行人：佐藤裕介
編集人：三坂輝
アシスタント：山口瑠宇

発行所：株式会社悠光堂
　　　　〒104-0045 東京都中央区築地6-4-5
　　　　シティスクエア築地1103
　　　　電話：03-6264-0523

カバー・本文フォーマットデザイン：佐藤温志

印刷・製本：株式会社シナノ

Tetsuyuki Sakabe ©2015
ISBN978-4-906873-34-0　C0045